W0017986

Beton – Stahlbeton – Faserbeton

Bernhard Wietek

Beton – Stahlbeton – Faserbeton

Eigenschaften und Unterschiede

2. Auflage

 Springer Vieweg

Bernhard Wietek
Ingenieurbüro WIETEK
Sistrans, Österreich

ISBN 978-3-658-44751-9   ISBN 978-3-658-44752-6   (eBook)
https://doi.org/10.1007/978-3-658-44752-6

Die Deutsche Nationalbibliothek verzeichnet diese Publikation in der Deutschen Nationalbibliografie; detaillierte bibliografische Daten sind im Internet über https://portal.dnb.de abrufbar.

© Der/die Herausgeber bzw. der/die Autor(en), exklusiv lizenziert an Springer Fachmedien Wiesbaden GmbH, ein Teil von Springer Nature 2019, 2024

Das Werk einschließlich aller seiner Teile ist urheberrechtlich geschützt. Jede Verwertung, die nicht ausdrücklich vom Urheberrechtsgesetz zugelassen ist, bedarf der vorherigen Zustimmung des Verlags. Das gilt insbesondere für Vervielfältigungen, Bearbeitungen, Übersetzungen, Mikroverfilmungen und die Einspeicherung und Verarbeitung in elektronischen Systemen.
Die Wiedergabe von allgemein beschreibenden Bezeichnungen, Marken, Unternehmensnamen etc. in diesem Werk bedeutet nicht, dass diese frei durch jedermann benutzt werden dürfen. Die Berechtigung zur Benutzung unterliegt, auch ohne gesonderten Hinweis hierzu, den Regeln des Markenrechts. Die Rechte des jeweiligen Zeicheninhabers sind zu beachten.
Der Verlag, die Autoren und die Herausgeber gehen davon aus, dass die Angaben und Informationen in diesem Werk zum Zeitpunkt der Veröffentlichung vollständig und korrekt sind. Weder der Verlag noch die Autoren oder die Herausgeber übernehmen, ausdrücklich oder implizit, Gewähr für den Inhalt des Werkes, etwaige Fehler oder Äußerungen. Der Verlag bleibt im Hinblick auf geografische Zuordnungen und Gebietsbezeichnungen in veröffentlichten Karten und Institutionsadressen neutral.

Planung/Lektorat: Sandy Lunau
Springer Vieweg ist ein Imprint der eingetragenen Gesellschaft Springer Fachmedien Wiesbaden GmbH und ist ein Teil von Springer Nature.
Die Anschrift der Gesellschaft ist: Abraham-Lincoln-Str. 46, 65189 Wiesbaden, Germany

Wenn Sie dieses Produkt entsorgen, geben Sie das Papier bitte zum Recycling.

Inhaltsverzeichnis

1 Einleitung

Die Baustoffe Beton, Stahlbeton und Faserbeton werden bei ihrer Anwendung nicht immer optimal ausgenutzt. Je nach Anwendungsfall und auch gewünschter Gebrauchsdauer des Bauteiles ergeben sich die unterschiedlichsten Möglichkeiten einer optimalen Anwendung. Auf Grundlage der historischen Entwicklung und der nun auch jahrzehntelangen Erfahrung mit diesen Baustoffen in der praktischen Anwendung ergeben sich Vor- und Nachteile der einzelnen Baustoffe die für den Einsatz eine wichtige Grundlage bei der Auswahl sind.

Unter Beton versteht man natürliche Gesteinsteile, die mittels eines Bindemittels (heute Zement) zusammengehalten werden. Mit dieser Definition muss man Mutter Natur die Anerkennung geben, dass der erste Beton von der Natur ohne menschlichen Einfluss hergestellt wurde.

Konglomerat und Breczie sind in der Natur vorkommende Sedimentgesteine, die aus älteren Gesteinsbrocken und einem Bindemittel entstanden sind. Es bedurfte nur der Naturbeobachtung, um einen ähnlichen Baustoff wie diese Felsformationen herzustellen. Es wurde also aus zwei Komponenten (Schotter und Bindemittel) ein neuer Baustoff gewonnen, der mit Wasser langsam in einer Form erhärtete und somit zu einem felsähnlichem Gebilde wie Konglomerat oder Breczie wurde.

Der Unterschied von Beton zu den natürlich entstandenen Felsen ist die Zeit in der das Bindemittel seine Wirkung des Zusammenklebens entwickelt. In der Natur ist dies ein langsamer oft über Jahrhunderte oder länger reichender Vorgang. Im Gegensatz zum Beton, dessen Bindemittel Zement unmittelbar nach der Mischung aushärtet und sich nach einigen Tagen schon zu einem festen Baustoff entwickelt. Dies hat Nebenwirkungen, auf die später eingegangen wird.

Vorteilhaft bei einer Anwendung der Betonbaustoffe ist dabei die Freiheit der Formgebung, die heute sehr gerne von architektonischer Seite ausgenutzt wird. So ist diese Eigenschaft ein entscheidender Vorteil von allen Betonarten gegenüber anderen Baustoffen.

In den letzten Jahren hat sich auf Grund der nun doch langen Erfahrung mit Stahlbeton und Faserbeton herausgestellt, dass die drei Baustoffe in ihrer Anwendung doch sehr unterschiedliche Eigenschaften aufweisen und man gut daran tut sich über diese zu informieren. Abgesehen von den derzeit üblichen Normen, die für jeden Baustoff bestehen, werden hier die technischen Eigenschaften und Möglichkeiten aufgezeigt die diese Baustoffe aufweisen.

© Der/die Autor(en), exklusiv lizenziert an
Springer Fachmedien Wiesbaden GmbH, ein Teil von Springer Nature 2024
B. Wietek, *Beton – Stahlbeton – Faserbeton*, https://doi.org/10.1007/978-3-658-44752-6_1

Die bestehenden Normen werden von Normenverbänden erstellt, deren Mitglieder hauptsächlich sich aus Behörden, Universitäten und Bau- sowie Herstellerfirmen rekrutieren. Sie vertreten
deren Interessen und somit ist der Endnutzer des Baustoffes, der Bauwerksbesitzer nur mangelhaft vertreten. Dies führt zu einer manchmal einseitigen Betrachtungsweise, die im vorliegenden
Buch nicht wiedergegeben wird, sondern der Endnutzer und dessen Interesse stehen hier im Vordergrund, wobei selbstverständlich alle notwendigen Sicherheiten einbezogen werden. Ebenso
werden die heutigen technischen Erkenntnisse aufgezeigt, wenn diese auch noch nicht oder zu
wenig in der einschlägigen Norm verankert sind.

Nach einer geschichtlichen Übersicht werden jeweils die einzelnen Baustoffe in ihrer Zusammensetzung beschrieben. Diese unterschiedlichen Zusammensetzungen haben Folgen auf die
statische Betrachtung und Berechnung für den einzelnen Lastfall.

Es zeigt sich, dass Beton und Faserbeton im ungerissenen Zustand wie viele andere Baustoffe
die einwirkenden Lasten abtragen können.

Nur bei Stahlbeton als Verbundbaustoff ist eine Trennung der Lastabtragung sinnvoll und auch
normmäßig vorgesehen. Dabei übernimmt im Wesentlichen der Beton die Druckkräfte und der
Baustahl die Zugkräfte. Da der Baustahl größere Verformungen als der Beton ermöglicht, reißt
der Beton im Zugbereich. Dies hat Auswirkungen auf seine Eigenschaft, auf die besonders eingegangen wird.

Da es sich bei dieser Betrachtung sehr unterschiedliche Eigenschaften der Baustoffe ergeben,
ist hier ein genauerer Blick darauf notwendig. Es entstehen somit Konsequenzen, die für ein
Bauteil entscheidend in der angewendeten Form und auch in der Gebrauchsdauer sind. Es können
dabei durchaus Unterschiede von 30% im Querschnitt oder auch eine 3-10 fache Gebrauchsdauer
entstehen.

Ein Vergleich der drei Baustoffe bei zwei unterschiedlichen Bauteilen (Hochbaudecke und
Strassenbrücke) zeigt einerseits den Kostenunterschied der Baustoffe und andererseits auch die
unterschiedlichen Lebenszyklen , die den besonderen Eigenschaften der betrachteten Baustoffe
entsprechen.

2 kurzer historischer Überblick

Im Altertum gab es zahlreiche Versuche mit natürlich vorkommenden Böden unter unterschiedlichen Zusätzen einen steinartigen Körper als Grundlage von Bauwerken herzustellen. So wurde mit feinkörnigen Böden wie Ton und Lehm unter Zumischung von Tier- bzw. Pflanzenfasern ein sogenannter Ziegel hergestellt, indem die feuchte Masse an der Sonne getrocknet und später sogar am Feuer erhitzt wurde, sodass ein gebrannter Ziegel entstand. Weitere Versuche wurden mit Schotter (Sand-Kies-Gemische) unternommen in dem Bindemittel wie Kalk und Gips verwendet wurden. Erst die Römer verwendeten gebranntem, gemahlenen Kalkstein und später auch vulkanische Asche in einem Gemisch als Cementum. Zusätzlich wurde je nach Anwendungsfall noch Naturfaser (Sisal) zugegeben um die Eigenschaften bei der Biege- und auch Zugbeanspruchung zu verbessern. Damit war es möglich das Pantheon (Kuppel mit ø=43m, 1.700 Jahre größte Kuppel weltweit) zu bauen, was mit heutigem Beton und dem normalen statischen Wissen nicht mehr möglich wäre.

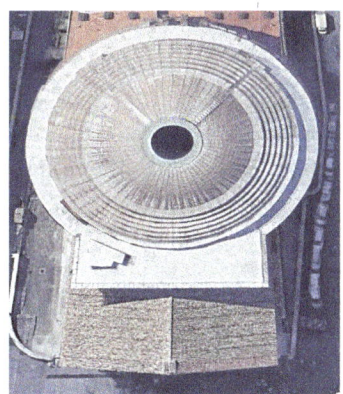

Abbildung 2.1: Die Kuppel des Pantheons in Rom 128 n.Chr.

Die Rezepturen für Beton wurden in den nächsten Jahrhunderten nur noch unter Baufachleuten weitergegeben und dies führte zu den Zünften, die ihr Wissen als Geheimnis weitergaben. So ging auch manches Detailwissen von Beton verloren und erst ab dem 18. Jahrhundert gab es eine Weiterentwicklung in Europa.

Um 1861 sollten Blumentöpfe aus Beton hergestellt werden, die jedoch bei Befüllung immer brachen. So erinnerte sich Herr Josef Monier, dass die Griechen und Römer ihre Weingefäße mit Seilen zusammenhielten. Er machte dies mit einem Eisengeflecht und es funktionierte. So war

© Der/die Autor(en), exklusiv lizenziert an
Springer Fachmedien Wiesbaden GmbH, ein Teil von Springer Nature 2024
B. Wietek, *Beton – Stahlbeton – Faserbeton*, https://doi.org/10.1007/978-3-658-44752-6_2

der Monierbeton als erster Stahlbeton gefunden. Bald fand er auch Anwendung im Bauwesen, besonders bei Decken und Brücken. Es wurde auch die Berechnung auf eine theoretische Basis gestellt und so die Bemessung für Stahlbeton gefunden.

Abbildung 2.2: moderne Hochhäuser in New York 2019

In diesem Zuge wurde die Zugabe von Fasern nicht mehr benötigt, da ja der Stahl die Zugkräfte zur Gänze aufnahm. Es wurde sogar bei der Herstellung von Beton auf eine Zugabe von Fasern völlig verzichtet und später auch verboten. Dies erhöhte natürlich den Absatz von Stahl im Stahlbeton.

Die Schwindrisse im Beton beim Abbindevorgang wollte man immer schon vermeiden, daher wurden in den Frischbeton Fasern eingemischt, die die Rissbildung beim Abbindevorgang vermeiden sollten.

In den Jahren 1950 bis 1960 gab es erste Versuche mit kurzen Stahldrähten, die später allmählich geformt wurden und so ab 1970 als Stahlfasern auf den Markt kamen. Da es keine vergleichbare Bemessungsmethode wie für den Stahlbeton gab, wurde der Stahlfaserbeton nur für untergeordnete Anwendungen zugelassen. Eine Anwendung für Biegeträger oder Platten und Decken wurde in den diversen Richtlinien ausdrücklich abgelehnt.

Da es nun aber auch für den Faserbeton eine Bemessung gibt, steht einer Anwendung dieses Baustoffes für tragende Bauteile wie Stützen, Decken und Platten nichts mehr im Wege.

Abbildung 2.3: Treppenläufe aus Faserbeton 2016

Es eröffnet sich somit eine reiche Palette an Anwendungsmöglichkeiten, die in der Praxis noch einzusetzen sind.

3 Zusammensetzung

Da die drei Baustoffe unterschiedlich zusammengesetzt sind, wird hier für jeden dieser Baustoffe die Zusammensetzung eigens in Kurzform erläutert:

3.1 Beton

Beton besteht aus Zement, Zuschlag (Gesteinskörnung) und Wasser sowie zusätzlich auch Betonzusätzen. Unmittelbar bei der Herstellung besitzt der Beton nach dem Mischvorgang als Frischbeton eine plastische bis flüssige Eigenschaft, die sich erst nach der Erhärtungszeit in eine feste Substanz, dem Beton, verändert. Nach der Erhärtungszeit spricht man von Festbeton.

Entsprechend der Zusammensetzung, dem Erhärtungsgrad, den besonderen Eigenschaften etc. wird der Beton in unterschiedliche Betonarten eingeteilt:

- Rohdichte
    - Leichtbeton bis 2,0 [to/m^3]
    - Normalbeton 2,0 bis 2,6 [to/m^3]
    - Schwerbeton über 2,6 [to/m^3]
- Erhärtungszustand: Frischbeton; junger Beton; Festbeton
- Konsistenz: steifer Beton; plastischer Beton; weicher Beton; fließfähiger Beton; selbstverdichtender Beton
- Eigenschaften: Hochfester Beton; wasserundurchlässiger Beton; Frostwiderstand; Frost-Tausalzwiderstand; chemische Angriffe; Verschleißwiderstand; Strahlenschutzbeton; Sichtbeton; Massenbeton; Drainagebeton
- Zusammensetzung: Sandbeton; Kies-Sandbeton; Splittbeton
- Ort der Herstellung: Baustellenbeton; werkgemischter Beton; transportgemischter Beton; Ortbeton ; Fertigteilbeton; Unterwasserbeton
- Gefüge: geschlossenes Gefüge; haufwerkporiger Beton; Einkornbeton; Porenbeton; Luftporenbeton

© Der/die Autor(en), exklusiv lizenziert an
Springer Fachmedien Wiesbaden GmbH, ein Teil von Springer Nature 2024
B. Wietek, *Beton – Stahlbeton – Faserbeton*, https://doi.org/10.1007/978-3-658-44752-6_3

- Bewehrung: unbewehrter Beton; bewehrter Beton; Stahlbeton; Spannbeton; Stahlfaserbeton

- Förderung: Stampfbeton; Rüttelbeton; Pumpbeton; Walzenbeton; Spritzbeton; Schleuderbeton; Vakuumbeton

In den Normen ist es üblich, den Beton nach seiner Druckfestigkeit (nach 28 Tagen) in Klassen einzuteilen. Diese Druckfestigkeit wird in Versuchen ermittelt, die dann einer Festigkeitsklasse zugeordnet werden. Dazu gibt es zwei unterschiedliche Probenkörper, die untersucht werden:

- **Würfelform** 20/20/20 cm
Diese wird heute nicht mehr verwendet, da sich die Bruckfläche nicht frei einstellen kann und so Zwangskräfte an der Ober- und Unterseite entstehen, die eine höhere Festigkeit zeigen.

- **Zylinderform** 15/15/30 cm (a/b/h) Hier kann sich die Bruchfläche frei einstellen und es ergibt sich ein Bruchwert, der mit dem Stoffgesetz von Moor-Coulomb (für Feststoffe) übereinstimmt.

Die mit diesen Versuchen ermittelten Festigkeitsklassen bilden auch eine Grundlage für die statische Bemessung eines Querschnittes. Bei der Kurzbezeichnung bedeutet der Buchstabe C die englische Bezeichnung concrete (Beton), die erste Zahl ist die Zylinderdruckfestigkeit bei einer Probenhöhe von 300 mm und einem Probendurchmesser von 150 mm.

Festigkeitsklasse	f_{ck} $[N/mm^2]$
C 8	8
C 12	12
C 16	16
C 20	20
C 25	25
C 30	30
C 35	35
C 40	40
C 45	45
C 50	50

Tabelle 3.1: Betonfestigkeitsklassen

Die in obiger Tabelle fett gedruckten Klassen sind die in der Praxis üblichen Festigkeitsklassen für Ortbeton, bei Fertigteilprodukten werden auch höhere Klassen verwendet.

Beim Beton muss auf die Zementsteinbildung während der Abbindephase hingewiesen werden, die die Festigkeitseigenschaften maßgeblich beeinflusst. Dabei findet eine chemische Reak-

tion statt, die man Hydratation nennt. Dabei entstehen ausgehend von den Zementteilen Minerale, die einen Verbund mit dem Zement und den Gesteinskörpern entstehen lassen und somit dem
Beton seine Festigkeitseigenschaften verleihen. Es ist ein sehr komplexer Vorgang, auf den hier
im Detail nicht eingegangen wird, da er von chemischen Prozessen beherrscht wird und hier nur
die mechanischen Auswirkungen von Interesse sind.

Betrachtet man die Entwicklung der Minerale im Detail, so erkennt man, dass nach einer
ersten Mineralienbildung schon zarte gegenseitige Kontakte entstehen, die auch wesentlich für
die spätere Kraftübertragung sind. Werden diese ersten Kontakte durch Schwindrisse gestört, so
kann nur eine verminderte Kraftübertragung im Beton entstehen. Daher ist es besonders wichtig,
dass in der Phase der ersten Kristallbildung bis zur guten Verbindung der wachsenden Kristalle
der Beton nicht bewegt wird. Nur damit ist gewährleistet, dass der Beton seine Tragfähigkeit
erhält.

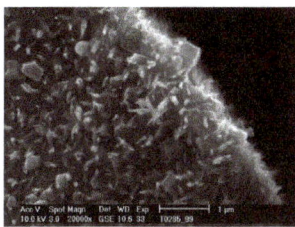   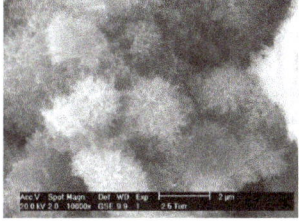   

Abbildung 3.1: erste Kristalle   Abbildung 3.2: Kristallwachsen   Abbildung 3.3: fertige Kristalle

Sieht man sich die Stoffzusammensetzung des Betons in den ersten Tagen beim Aushärten
an, so kann man einerseits das Schwinden durch Verringerung des Wassergehaltes und auch die
zeitlich etwas versetzte Zunahme des Zementes in Form von Zementstein erkennen.

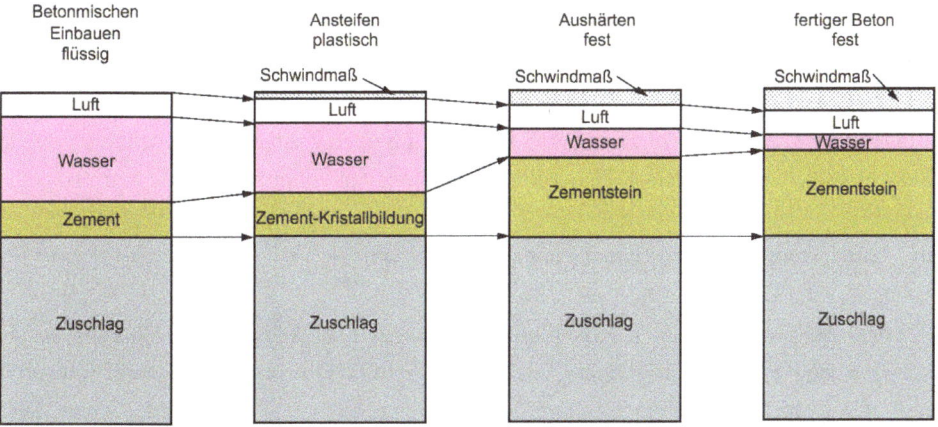

Abbildung 3.4: Materialverteilung beim Beton schematisch

Über die ersten Tage betrachtet findet somit eine relativ geringe Volumenabnahme statt, wobei gleichzeitig eine große Zunahme des Festkörpers in Form von Zementstein stattfindet. Diese beiden Effekte sind für die Festigkeitsentstehung des Betons entscheidend. Dabei entstehen die Feststoffbrücken zwischen den Einzelteilen des Zuschlages, die die Kraftübertragung ermöglichen.

Trägt man über die Zeit (logarithmisch) diese beiden Effekte der Volumensänderung auf, so entsteht nachfolgender Zusammenhang.

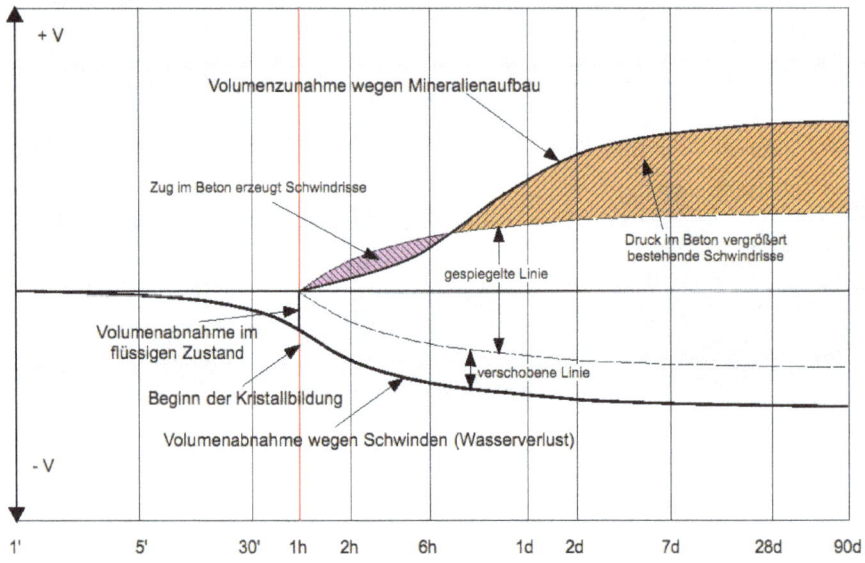

Abbildung 3.5: Volumenverhalten beim Abbinden von Beton

Durch den Verlust an Wasser wegen der Verdunstung entsteht die untere Kurve. Diese beginnt bereits beim Einbau des Betons in die Schalung. Erst nach etwa 1-2 Stunden (der Zeitraum lässt sich durch Zusatzmittel steuern) entsteht die Kristallbildung (in der Graphik bei 1 Stunde). Der Volumenverlust bis zu diesem Zeitpunkt erfolgt im flüssigen Zustand des Frischbetons, es können dabei keine Risse entstehen. Daher kann die Kurve der Volumenabnahme beim Beginn der Kristallbildung auf 0 verschoben werden. Der vor diesem Zeitpunkt erfolgte Volumenverlust hat keine Auswirkung auf die Festigkeitsentwicklung des Betons.

Ab dem Zeitpunkt der ersten Kristallbildung entsteht eine Volumensvergrößerung des Feststoffes, der die Poren langsam schließt. Diese Kurve geht im Diagramm nach oben. Spiegelt man nun die Kurve für das Schwinden (untere Kurve) nach oben. so entstehen als Differenz der beiden Effekte zwei Bereiche (Flächen), die näher zu betrachten sind.

Im ersten (blauen) Bereich verringert sich das Volumen durch das Schwinden stärker als es durch Kristallwachstum zunimmt. Dies führt zu den Schwindrissen, da der plastische Beton noch zu geringe Zugspannungen aufnehmen kann. Erst mit zunehmendem Mineralwachstum können die Zugspannungen aufgenommen werden, wobei hier jedoch die Fehlstellen durch Schwindrisse nicht mehr bzw. nur mangelhaft geschlossen werden. Diese Risse sind im ersten Moment zwar sehr klein, durch die weiteren Volumenänderungen der Abbindephase werden diese größer und auch sichtbar. Es ist also nach dem ersten Ansteifen des Betons eine Zugspannung wegen der Volumensverminderung vorhanden, die die erst wachsenden Minerale in ihrem Verbund nicht aufnehmen können. Dies ist im schraffierten Teil des ersten Bereiches deutlich zu erkennen.

In weiterer Folge des Abbindevorganges durch das Mineralwachstum entsteht ein Zementstein, dessen Volumen stärker zunimmt als die Abnahme durch das Schwinden ist. Dabei entsteht im Beton ein Druckzustand, der die durch das Schwinden entstandenen Risse nur weiter öffnet. Daher nehmen die Schwindrisse im Beton besonders in den ersten Tagen zu.

Mit dieser volumetrischen Betrachtung ist der Sinn der Nachbehandlung des Frischbetons klar erkennbar. Gibt man beim Ansteifen bis zum erhärteten Zustand dem Beton ausreichend Wasser zu, so entsteht kein Volumensentzug und die Mineralien können sich ungestört entwickeln. Nach der Erhärtungsphase ist der Mineralienverband so fest, dass die Zugspannungen infolge Austrocknung leicht übernommen werden können, ohne dass im Beton Risse entstehen.

Die Konsequenz aus dieser Materialeigenschaft ist, es kann dem Beton nur eine verminderte Zugfestigkeit zugeordnet werden, da im gesamten Querschnitt Risse sind, die je nach Nachbehandlung bis zu 50 % des Querschnittes reichen können.

Die Biegezugspannung des Betons ist nun stark von den Schwindrissen abhängig. Wenn keine Nachbehandlung gemacht wird wird mit ca. 50% Rissanteil gerechnet. Bei guter Nachbehandlung kann der Rissanteil bis auf 10% verringert werden. Dies hängt jedoch von der Bauteildicke ab. Da die Nachbehandlung nur oberflächenhaft wirksam ist, werden die Bauteile in 3 Gruppen unterteilt, für die dann jeweils unterschiedliche Rissanteile gelten:

Bauteil < 30 cm   Rissanteil 10%
Bauteil 30 - 60 cm   Rissanteil 20%
Bauteil > 60 cm   Rissanteil 30%

Somit kann man für die Verschiedenen Bauteildicken mit unterschiedlichen Biegezugspannungen rechnen:

Festigkeitsklasse	Druckfestigkeit $[N/mm^2]$	Bauteil < 30 cm $[N/mm^2]$	Bauteil 30-60 cm $[N/mm^2]$	Bauteil > 60 cm $[N/mm^2]$
C 8	8	2,16	1,92	1,68
C 12	12	2,83	2,52	2,20
C 16	16	3,43	3,05	2,67
C 20	20	3,98	3,54	3,09
C 25	25	4,62	4,10	3,59
C 30	30	5,21	4,63	4,06
C 35	35	5,78	5,14	4,49
C 40	40	6,32	5,61	4,91
C 45	45	6,83	6,07	5,31
C 50	50	7,33	6,51	5,70

Tabelle 3.2: Biegezugfestigkeiten in Abhängigkeit der Bauteildicke

3.2 Stahlbeton

Beim Stahlbeton wird auf die Unsicherheit der übertragbaren Zugspannungen im Beton derart Rücksicht genommen, dass dem Beton keine Zugspannungen zugewiesen werden. Der gesamte Zug in einem Bauteil wird der Stahlbewehrung zugeordnet. Dadurch gibt es eine klare Trennung der Kräfte auf die beiden verwendeten Materialien:

Material	Kraftanteil
Beton	Druck
Bewehrungsstahl	Zug

Tabelle 3.3: Kraftzuordnung bei Stahlbeton

Es muss dabei eine Besonderheit immer beachtet werden, dass Beton und Stahl nicht die gleiche maximale Dehnung erreichen. Somit reißt der Beton wenn die Betonzugspannung überschritten wird und trägt somit nichts zur Abtragung der Zugspannungen bei. Dies erfolgt bereits bei einer relativ geringen Beanspruchung. Es ist somit der Stahl, der die gesamten Zugspannungen aufnehmen muss.

Material	max Dehnung
Beton	0,2 %
Bewehrungsstahl	2,5 %

Tabelle 3.4: max. Dehnung der Baustoffe bei Stahlbeton

Es zeigt sich dabei, daß bei einer Biege- und Zugbeanspruchung der Stahl sich bis zu 2,5% dehnen kann. Dabei reißt der Beton, da dieser nur 0,2 % Dehnung im elastischen Zustand erreichen kann und darüber reißt. Es entstehen somit Risse im Beton, die über die Hälfte des Querschnittes reichen.

In diese Risse kann Feuchtigkeit eindringen, die den Bewehrungsstahl auch in seiner Qualität angreifen kann. Bei der statischen Berechnung und insbesondere bei der Bemessung von Stahlbeton wird auf diese Besonderheit eingegangen.

3.3 Faserbeton

Es werden dem Beton Fasern zugegeben um folgende Eigenschaften zu verbessern:

- Zug- und Druckfestigkeit wird erhöht

- Schrumpfrisse beim Abbinden werden vermieden

- Wasserdichtheit wird verbessert

- Brandsicherheit wird erhöht

- Salzempfindlichkeit wird vernachlässigbar

- Rissefreiheit im Gebrauchsfall

Wie bereits bei der Beschreibung von Beton erwähnt, entstehen in der Abbindephase Zugspannungen, die vom Beton nicht aufgenommen werden und es entstehen dabei Schwindrisse. Werden nun Fasern dem Beton beigegeben, so übernehmen diese in der Abbindephase diese Zugspannungen und der Beton reißt nicht bzw. nur sehr wenig.

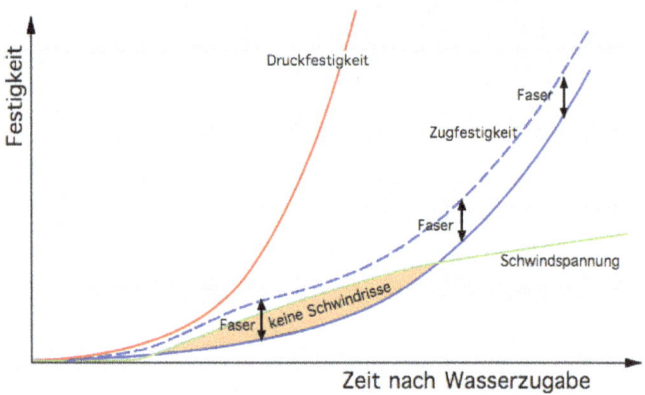

Abbildung 3.6: Faserbeton in der Abbindephase

Somit kann dem Faserbeton eine Zugspannung zugeordnet werden, die dieser bei Belastung (Biegezug und Zug) auch voll übertragen kann.

Je nach Material, Größe, Dosierung und Form der verwendeten Fasern können die entsprechenden Druck- und Zugfestigkeiten ermittelt werden.

Material	ø von [mm]	ø bis [mm]	Länge von [mm]	Länge bis [mm]
Stahl	0,6	1,2	30	65
Glas	0,1	0,5	8	16
Kunststoff	0,15	1,2	8	55

Tabelle 3.5: Faserwerkstoffe und Dimensionen

Bei der Materialwahl entscheidet der Bauherr und der Statiker nach eigenen Kriterien.

Material	D von [kg/m^3]	D bis [kg/m^3]
Stahl	30	70
Glas	1,5	4
Kunststoff	3,0	7

Tabelle 3.6: übliche Dosierung D bei Faserbeton

Es kann jedes Material verwendet werden, wobei meist der Preis letztendlich den Ausschlag gibt. Die Zugfestigkeiten lassen sich über die Dosierung [kg Faser/m^3 Beton] steuern und dabei für alle Materialien ähnliche Werte erreichen.

Die Form der Faser geht in die Festigkeit des Faserbetons stark ein, es ist jedoch nicht jede Form für jedes Material verfügbar. So ist nur für Stahlfasern jede Form möglich, bei Glasfasern ist nur die Gerade, bei Kunststofffasern die gerade und gewellte Form erhältlich.

~~	gerade
∿∿∿∿∿∿	gewellt
⌐_____⌐	gehakt
◁══════▷	gequetscht

Abbildung 3.7: Formen der Fasern

Für die Ermittlung der maximalen Faserzuspannung sind etliche Kennwerte der Faser zu ermitteln.

Kennwert	Zeichen	von	bis
Länge	l	8	65
Durchmesser	d	0,1	1,2
E-Modul	E	400	7.000
Dosierung	D	1,5	70
Raumverteilung	α	50	60
Geometriefaktor	c_f	1,0	2,5
Formfaktor	δ	0	25
Reibungsfaktor	ρ	0,7	1,0

Tabelle 3.7: zu ermittelnde Kennwerte bei Faserbeton

Neben den geometrischen Größen, aus denen Volumen und Oberfläche ermittelt werden kann, sind die Steifigkeit (E-Modul) und noch Kennwerte für die räumliche Verteilung der Fasern im Bauteil und dei eigentlichen Faserfaktoren notwendig. Diese eigenen Faserfaktoren bestehen aus Geometriefaktor, Formfaktor und Reibungsfaktor. All diese Kennwerte sind für einen Fasertyp notwendig um in der Bemessung die notwendigen zulässigen Zug- und Druckspannungen zu berechnen.

Somit kann der Faserbeton als homogener Baustoff in die statische Berechnung einfließen.

4 statisches Prinzip

Die Berechnung der drei aufgezeigten Baustoffe wird unterschiedlich durchgeführt. Hier die wesentlichen Schritte bei den einzelnen Bemessungen.

4.1 Beton

Die Kennwerte des Betons sind in den einschlägigen Normen festgelegt. Dabei ist auch die Zug- und Biegezugspannung angegeben, die wegen der möglichen Schrumpfrisse im Beton relativ gering sind. Trotzdem kann der Beton als einheitlicher Baustoff berechnet werden.

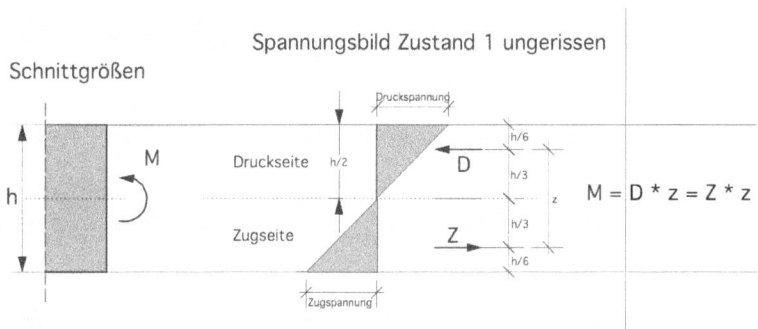

Abbildung 4.1: Bemessung von Beton

Übersteigen die aufgebrachten Spannungen die Zug- bzw. Druckspannungen kommt es zum Bruch. Dieser stellt sich schlagartig ein und der Bauteil bricht auseinander. Es ist dies ein katastrophales Verhalten, denn mit einem Bruch eines Bauteils sind meist die Nachbarbauteile auch einer extremen Belastung mit Stoßwirkung ausgesetzt, dies kann zu Folgeschäden führen.

Bezüglich der Verformung von Beton werden zwar die Elastizitätsmoduli angegeben, jedoch sollten diese nur im Druckbereich angewendet werden. Im Zugbereich sind diese Werte fraglich, denn die Verteilung der Risse (Schrumpfrisse) muss nicht unbedingt gleichmäßig sein und somit ist die Homogentät bei einer Zugbelastung bezüglich der Deformation nicht gewährleistet.

© Der/die Autor(en), exklusiv lizenziert an
Springer Fachmedien Wiesbaden GmbH, ein Teil von Springer Nature 2024
B. Wietek, *Beton – Stahlbeton – Faserbeton*, https://doi.org/10.1007/978-3-658-44752-6_4

4.2 Stahlbeton

Der Beton in der Abbindephase erzeugt unkontrollierte Risse (Schwindrisse), die zwar durch die Nachbehandlung des Betons etwas beeinflusst werden können, jedoch nicht ganz. Es ist daher ungewiss wie viele Risse entstanden sind. Daher wird beim Stahlbeton in der statischen Berechnung keine Zugkraft dem Beton zugeordnet.

Generell übernimmt der Beton die Druckkräfte bis zu seinen zulässigen Werten, der Stahl übernimmt die gesamten Zugkräfte. Da der Stahlbeton ein Gesamtkörper darstellt wird angenommen, dass der Beton keine Zugspannungen aufnehmen kann und bei Zug reißt. Somit wird der Beton nur im Druckquerschnitt ausgenutzt. Dies ist allgemein unter dem Zustand 2 mit gerissener Zugzone zu verstehen.

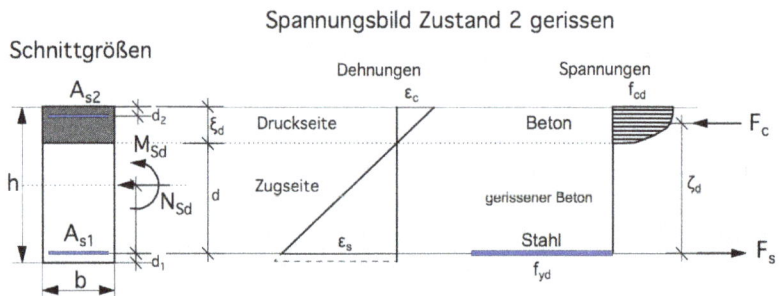

Abbildung 4.2: Bemessung von Stahlbeton

Die Risse im Betonquerschnitt des Stahlbetons haben nun Auswirkungen auf die Eigenschaften des Stahlbetons, die beachtlich sind und bei der Planung eines Bauwerkes unbedingt zu berücksichtigen sind. Eine vereinfachte Darstellung eines Stahlbetonträgers im Längsschnitt macht deutlich, dass hier kein einheitliches Material mehr vorliegt, sondern es muss auf die Risse mit deren Öffnungen Rücksicht genommen werden.

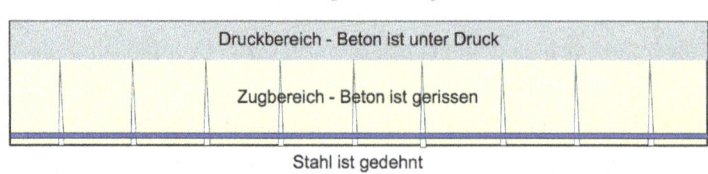

Abbildung 4.3: Längsschnitt durch einen Stahlbetonbalken

Es entstehen hier bei Biegebeanspruchung eines Stahlbetonbauteiles drei unterschiedliche Bereiche, die eigens zu betrachten sind, da deren Eigenschaften für den Bauteil unterschiedliche Auswirkungen haben:

1. **Betondruckbereich:** es gelten hier die Festigkeitswerte und auch der E-Modul, der Bereich wird wie ein einheitlicher Baustoff berechnet.

2. **Zugbereich Beton:** hier sind Risse, die den Beton durchziehen. Damit ist der Körper nicht mehr einheitlich und kann nur vermindert Kräfte aufnehmen. Dies sind Schubkräfte, die jedoch auch hauptsächlich von der dafür eigens angeordneten Stahlbewehrung übertragen werden. Wesentliche Funktion des gerissenen Betons ist, den Abstand zwischen Druckbereich und der Stahlbewehrung zu garantieren. Sehr nachteilig dabei sind die Risse, die es ermöglichen, dass Wasser eindringen kann und damit den Stahl auf Rissbreite freilegt. Somit ist der Stahl nicht mehr durch den Beton geschützt, und es kommt zur Korrosion des Stahls.

3. **Bewehrungsstahl:** infolge der Übernahme der Zugkräfte dehnt sich der Stahl mehr als der ihn umgebende Beton, dies führt zu den Rissen im Beton. Dadurch ist eine erhöhte Korrosionsgefahr gegeben. Besonders bei vorhandenen Chloriden durch Salzstreuung im Winterdienst bei Strassen wird die Korrosion extrem gefördert. Es entsteht dabei sogar der gefürchtete Lochfraß, der eine sehr schnelle Korrosionsart ist.

Die Risse im Beton haben bei feuchter und nasser Umgebung die unangenehme Eigenschaft, dass Wasser eindringen kann und somit im gerissenen Querschnitt die Wasserdichtheit von Stahlbeton nicht mehr gegeben ist. Dies hat zur Folge, dass für eine geforderte Wasserdichtheit nur mehr der Bereich der Druckzone des Stahlbetons herangezogen werden kann. Besonders bei Kellerwänden ist dies der Fall.

Zusätzlich haben Risse den Nachteil, dass die Bewehrung örtlich nicht mehr geschützt ist und somit Korrosion entstehen kann. Dies umso mehr wenn Chloride infolge Salzstreuung im Winterdienst an die Bewehrung kommen.

Die Berechnung von Verformungen gestaltet sich sehr schwierig, da zwar die E-Moduli für Beton und auch den Bewehrungsstahl nach den Normen gegeben sind, jedoch die Risstiefe nicht exakt berechnet werden kann. Da der Beton neben Druck- auch Zugspannung (wenn auch nur im geringen Umfang) aufnimmt, ist die Risstiefe von der Anzahl und gegenseitigen Lage der Schwindrisse stark abhängig. Somit ist eine Verformungsberechnung nur eine grobe Abschätzung, da das Stoffverhalten des Verbundbaustoffes nicht entsprechend den natürlichen Verhältnissen berechnet werden kann.

4.3 Faserbeton

Die statischen Werte für die Zug- und Druckfestigkeit werden aus den Betonwerten (die ja genormt sind) und den Faserkennwerten ermittelt. Der Faserbeton kann somit als einheitlicher Baustoff in die Berechnung eingeführt werden.

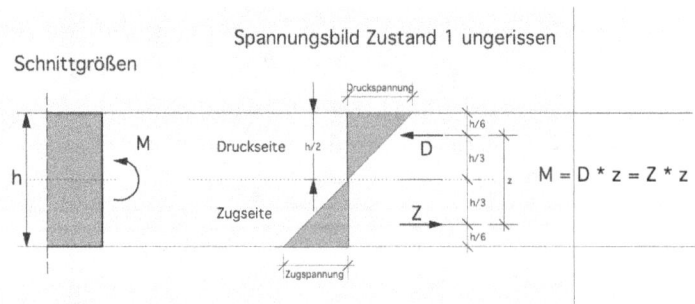

Abbildung 4.4: Bemessung von Faserbeton

Übersteigen die aufgebrachten Spannungen die Zug- bzw. Druckspannungen, so kommt es zu Rissen und somit zum Versagen des Querschnittes. Die Fasern verhindern jedoch ein schlagartiges Versagen wie es beim Beton auftritt. Die Risse werden größer und die Lasten können sich eventuell über andere Bauteile ableiten oder die Risse werden größer und es kommt zu einem langsamen Versagen das man auch als duktiler Bruch oder Verformungsbruch bezeichnet.

Der Faserbeton kann somit über seine auftretende Rissbildung hinaus Kräfte übertragen. Die Größe der Verformung hängt nun von der Belastung und der Dichte der Fasern ab.
Im Normalfall, bei richtiger Dimensionierung gibt es beim Faserbeton keine Risse und der Baustoff kann seine Eigenschaften voll einsetzen. Es sind hier besonders folgende Vorteile gegenüber dem Stahlbeton zu erwähnen:
- Rissefreiheit
- Wasserdichtheit
- gleichmäßiger Verformungsmodul
- Brandresistent
Der ungerissene Faserbeton ist ein vollwertiger Baustoff, der bei fast allen Bauteilen und Baukonstruktionen auch wirtschaftlich eingesetzt werden kann.

Die Berechnung der Verformungen kann mit dem E-Modul des Betons durchgeführt werden, da eine Änderung wegen den Fasern nur eine Moduländerung unter 2% bewirkt und somit vernachlässigt werden kann.

4.4 Vergleich der Baustoffe

Es ist hilfreich die beschriebenen Baustoffe an einem Beispiel zu vergleichen.

Vergleich der **Tragfähigkeit**:

Zunächst wird eine 20 cm dicke Hochbaudecke gewählt, die aus den unterschiedlichen Baustoffen hergestellt wird. Dabei wird verglichen, welches Tragmoment bei jeder Decke möglich ist.

Es wird bei allen drei Baustoffen der Grundbaustoff Beton in drei Qualitäten berechnet: C25, C30 und C35.

Bei Stahlbeton wird mit unterschiedlichen Bewehrungsgehalten gerechnet:
- normal bewehrter Beton mit 50 kg Stahl / m3 Beton und
- hoch bewehrtem Beton mit 80 kg Stahl / m3 Beton

Bei Faserbeton wird eine Kunststofffaser verwendet: Sikaforce 50 mit einer Dosierung von5 kg/m3 Beton.

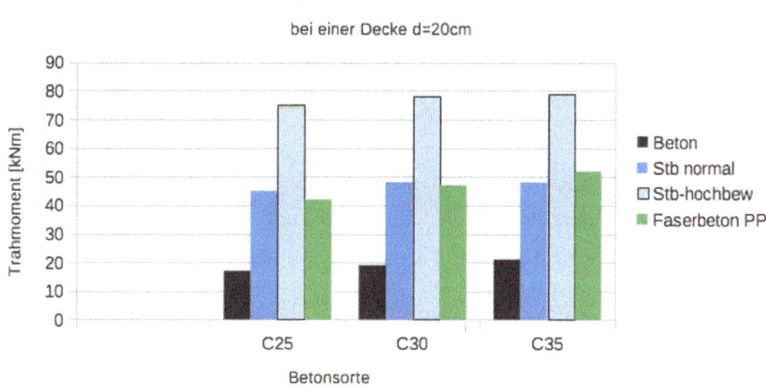

Abbildung 4.5: Vergleich bei einer 20 cm dicken Decke im Hochbau

Der Vergleich der Baustoffe zeigt, dass der **Beton** die geringsten Momente aufnehmen kann und so nur geringe Stützweiten überbrücken kann.

Der **Stahlbeton** trägt im Vergleich zu Beton das 2,5 bis 4-fache an Momenten. Daher wird Stahlbeton für Bauteile mit großen Spannweiten eingesetzt.

Der **Faserbeton** kann Momente ähnlich dem normal bewehrtem Stahlbeton übernehmen. So ist sein Einsatzgebiet durchaus im Bereich des normalen Stahlbetons vergleichbar.

Vergleicht man nun Beton mit normalem Stahlbeton und Faserbeton und einer Betongüte von C30 mit unterschiedlichsten Deckenstärken, so ergibt sich der folgende Zusammenhang:

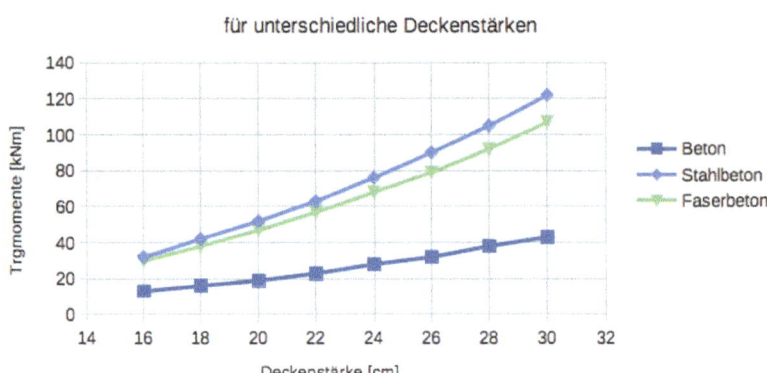

Abbildung 4.6: Vergleich bei unterschiedlich dicken Decken im Hochbau

Es ist deutlich erkennbar, dass normaler Stahlbeton und Faserbeton durchaus vergleichbare Tragmomente erreichen, die wesentlich höher sind, als jene von reinem Beton.

Zusammenfassend kann beurteilt werden, dass Beton nur geringe Tragfähigkeit bei Biegebeanspruchung aufweist, wo hingegen normeler Stahlbeton und Faserbeton ähnliches Tragverhalten aufweisen. Nur hochbewehrter Stahlbeton kann wesentlich höherer Biegebelastung ausgesetzt werden.

Vergleich der **Kosten**:

Die Einheitspreise für den Vergleich wurden von einer mittelgroßen Baustelle im Jahr 2023 entnommen, Sie können im gegebenen Fall jedoch bis zu 10% abweichen.

Einheitskosten: Beton $140 \ e/m^3$
                                Stahl $1{,}80 \ e/kg$
                                Faser $10 \ e/kg$

Für einen Kostenvergleich werden die folgendenAnnahmen getroffen, die der Praxis von etlichen Baustellen entsprechen:

Bei Stahlbeton werden im Normalfall 50 kg/m^3 Bewehrungsstahl verwendet. Der Bewehrungsanteil kann bis zu 100 kg/m^3 im hochbewehten Fall gesteigert werden.

Beim Faserbeton mit Kunststofffasern kommen meist 5 kg/m^3 zur Anwendung.

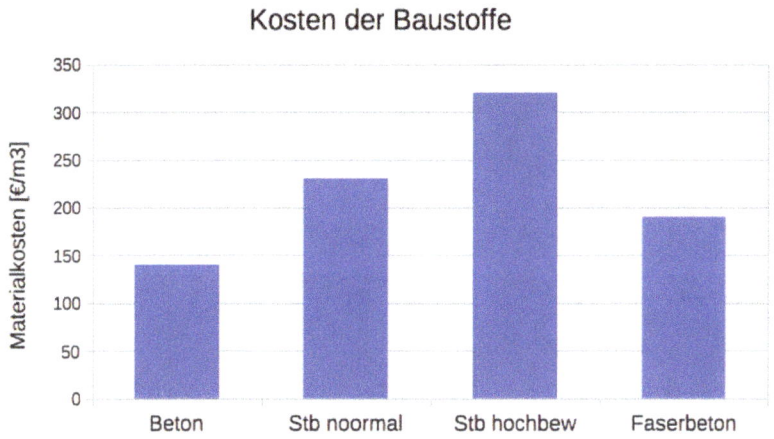

Abbildung 4.7: Vergleich der Baukosten

Der Kostenvergleich zeigt, daß Faserbeton wesentlich günstiger ist als Stahlbeton. Selbst der Stahlbeton mit normaler Bewehrung ist um 40 e/m^3 im Vergleich zum Faserbeton teurer.

Dieser Kostenvorteil sollte eigentlich zu einem vermehrtem Einsatz von Faserbeton führen, soweit dies auch statisch möglich ist.

5 Auswirkung auf die Konstruktion

Selbstverständlich haben die drei Baustoffe unterschiedliche Eigenschaften, die bei der Anwendung auch Auswirkungen auf die jeweiligen Bauteile und somit auch der Wahl der Konstruktion haben.

5.1 Beton

Es ist eine beliebige Form möglich, wenn sie statisch nachgewiesen werden kann. Randbedingungen stellen dabei entweder die Schalung (Form in die der flüssige Beton gegossen wird), oder die Erhärtungszusätze (z.B. bei Spritzbeton) die eine freie Formgebung zulassen. Filigrane Konstruktionen sind wegen Frostempfindlichkeit des Betons nicht anratsam.

Es werden reine Betonkonstruktionen bei Stützmauern oft als Schwergewichtsmauern oder auch als Bogenmauern angewendet. Auch im Tunnelbau als innerer Tragring ist eine reine Betonschale oft in Anwendung. Dabei werden hier, wegen der gekrümmten Form, nur Druckkräfte übertragen.

Abbildung 5.1: Schwergewichtsmauer Rappbodetalsperre

Auch als Bausteine wie im Mauerwerksbau oder bei Plattenbelägen (Waschbeton) werden Betone mit kleinen Körnungen verwendet. Werden größere Körper notwendig, z.B. Leitwände oder

© Der/die Autor(en), exklusiv lizenziert an
Springer Fachmedien Wiesbaden GmbH, ein Teil von Springer Nature 2024
B. Wietek, *Beton – Stahlbeton – Faserbeton*, https://doi.org/10.1007/978-3-658-44752-6_5

Ballastkörper für Kräne und auch für Wellenbrecher im Wasserbau so sind alle Kornzusammensetzungen möglich.

Abbildung 5.2: Wellenbrecher am Meeresufer

5.2 Stahlbeton

Sehr gut für die Abtragung von extrem hohen Belastungen, da der Stahl im Zugbereich extreme Kräfte aufnehmen kann. Somit sind sehr schlanke Bauteile mit großen Spannweiten sehr gut möglich. Beispiele:
  - Hochbaudecken

Abbildung 5.3: Innbrücke Hall - Bewehrung Brücke und Zügelübergang

  - Brücken auch mit Vorspannung (aber Achtung Korrosion!)
  - Gebäude mit großen Spannweiten wie Theater, Säle, Kirchen
  - weit gespannte Decken bei Gewerbebauten wie Einkaufszentren etc.

- schlanke Hochhäuser

Abbildung 5.4: moderne Hochbauten in New York

5.3 Faserbeton

Jede gerade oder auch gekrümmte Form ist ausführbar. Auch mit dem Spritzverfahren lässt sich Faserbeton sehr gut anwenden und ermöglicht gegenüber den derzeitigen Verfahren die Einsparung von Arbeitsschritten, was den Einsatz sehr wirtschaftlich macht.

Abbildung 5.5: BUGA Koblenz - Hangsicherung zum Lift

Gerade Bauteile die hauptsächlich Druckkräften ausgesetzt sind und nur geringe Zugspannungen übertragen müssen, eigenen sich besonders für die Anwendung mit Faserbeton.

Abbildung 5.6: Tübbinge für eine Tunnelsicherung

Im Hochbau ist der Bereich des Kellers interessant, da hier die Bodenplatte und Kellerwände relativ gering mit Zugspannungen belastet werden. Es ergibt sich dabei eine erhebliche Einsparung gegenüber dem Stahlbeton. Auch Treppen können als Fertigteile entweder gerade oder gewendelt in Faserbeton eingesetzt werden.

Abbildung 5.7: Treppe aus Faserbeton

Hierbei ist bei Verwendung von Kunststofffasern der Vorteil, da im Brandfall die Treppe nur sehr gering an Tragfähigkeit verliert und somit weiterhin als Fluchtweg gebraucht werden kann.

6 mögliche Risiken

Bei den drei Baustoffen sind in der Anwendung recht unterschiedliche Risiken möglich.

6.1 Beton

Ist ein Betonbauwerk aus irgendeinem Grund undicht (ungenügende Verarbeitung, schlechte Kornabstufung des Zuschlages, ungenügende Dosierung des Bindemittels, Setzungsrisse etc.), so dass Wasser eindringen kann, dann kann sich dieses Wasser mit Kalkhydrat verbinden. Dieses Ätzkalkwasser zieht nun, sobald es an die Luft (Oberfläche) kommt Kohlensäure an und bildet damit Kalkstein, der sich als praktisch unlöslich in Krusten absetzt. Oft verstopfen sich durch diese chemische Umsetzung die Poren und Risse von selbst. Dann spricht man von Selbstheilung und es entsteht kein weiterer Schaden. Wenn dies jedoch nicht eintritt und dauernd der Kalk ausgelaugt wird, so kann dies zur Zerstörung des Zementsteins und somit des Betons führen. Es muss dann durch gezielte Injektionen mit Zement der Festkörperverband wieder hergestellt werden.

Abbildung 6.1: Aussinterungen bei einer Innbrücke in Innsbruck

Aussinterungen sind in den meisten Fällen durch Ausführungsmängel bedingt. Sie entstehen

© Der/die Autor(en), exklusiv lizenziert an
Springer Fachmedien Wiesbaden GmbH, ein Teil von Springer Nature 2024
B. Wietek, *Beton – Stahlbeton – Faserbeton*, https://doi.org/10.1007/978-3-658-44752-6_6

immer nur an undichten und porösen Stellen und nur in Zusammenwirken mit Feuchtigkeit. Als Verhütung dieses Mangels ist eine sorgfältige Verarbeitung des Frischbetons, gute Nachbehandlung sowie eine richtige Zusammensetzung von Zuschlagsmittel und Zement als ausreichend anzusehen.

Bei einer Überlastung des Betons kommt es zu einem Bruch. Dieser tritt meist schlagartig ein und es entstehen dadurch große Schäden. Wenn ein Betonkörper bricht, werden die Nachbarbauteile extremen Belastungen ausgesetzt, da die Bauwerkslasten nun auf benachbarte Bauteile abgeleitet werden müssen. Dies hat oft die Folge, daß dann auch die Nachbarbauteile überlastet werden und auch brechen. So kann es zu einem mehrfachen Bruch innerhalb eines Bauwerks kommen, welches dann extreme Auswirkungen auf die Nutzer und die Betreibung des gesamten Bauwerkes hat.

6.2 Stahlbeton

Mangelnde Verarbeitung wie z.B. unzureichende Überdeckung der Stahlbewehrung somit Gefahr durch Karbonatisierung an freier Witterung (saurer Regen) der den pH-Wert unter 10 sinken lässt.

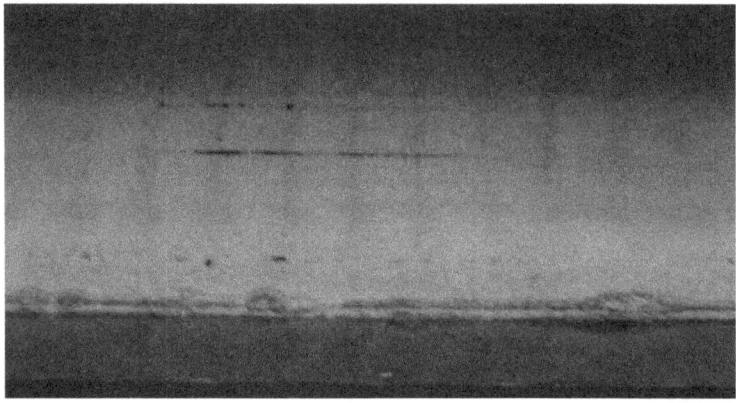

Abbildung 6.2: zu geringe Überdeckung bei einem Hallenträger

Bei Lastwechsel öffnen und schließen sich die Risse, die infolge Biegung beim Stahlbeton entstehen. Beim wiederkehrenden Lastwechsel werden diese Risse größer, da sich die Rissfugen gegenseitig abnützen, und dabei kleine Körner und Zementsteinteile sich aus dem Verband lösen und wie ein Reibeisen funktionieren. Dadurch können Wasser und Fremdkörper leichter zum Bewehrungsstahl vordringen und die Korrosion des Stahls erzeugen bzw. beschleunigen.

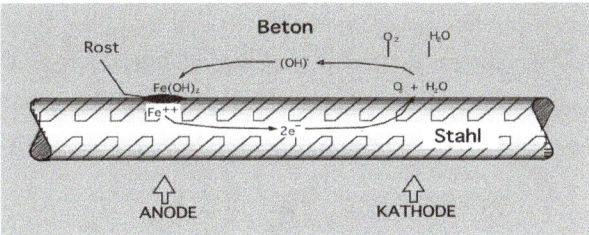

Abbildung 6.3: elektrochemischer Vorgang bei Korrosion der Bewehrung

Eindringen von Flüssigkeit und chloridhaltigen Stoffen in die Risse und damit beginnende Korrosion bis hin zum Lochfraß. Zuerst zeigen sich die typischen Rostfahnen, dies bedeutet eine schon fortgeschrittene Korrosion mit beginnender Querschnittsschwächung.

Abbildung 6.4: starke Korrosion der Bewehrung mit Rostfahnen an der Betonoberfläche

Entfernt man den Bereich der Überdeckung und sieht sich die Bewehrung an, so sind zuerst die aussenliegenden Bewehrungsstäbe (Bügel) von der Querschnittsschwächung betroffen.

Abbildung 6.5: freigelegte korrodierte Bewehrung

Bei Strassenbrücken wird durch den Chloridangriff auch die tiefere Bewehrung (Tragbeweh-rung) durch Lochfraß angegriffen. Es sind hier regelrechte Löcher, die in den Bewehrungsstahl reichen. Es sieht so aus als wenn sie hineingebohrt wurden. Dies kommt daher, dass das Chlorid als Katalysator wirkt und im gleichen Punkt die Korrosion immer tiefer eindringen läßt.

Abbildung 6.6: Lochfraß bei Bewehrung infolge Chloride

Die Korrosion der Bewehrung erkennt man optisch erst, wenn sie schon in Gang ist und die Bewehrung bereits an Querschnitt verliert. Will man die Korrosion bereits vor dem Beginn erken-nen, so muss man mit einer elektrochemischen Methode und zwar mit Elektroden die Messung vornehmen. Dazu kann man entweder die Oberfläche immer wieder mit Elektroden abtasten, oder man baut eine Linienelektrode (CMS-Elektrode) im gefährdeten Bereich in den Beton ein und misst damit das Potential zum Bewehrungsstahl.

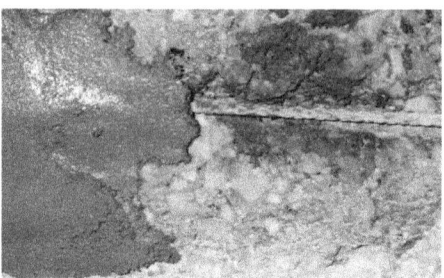

Abbildung 6.7: Einbau der CMS-Elektrode

Mit einer Potentialmessung bei der eine CMS-Elektrode (Silber-Silberchlorid-Elektrode) an-gewendet wird, kann man folgende Einflüsse messen:
- Wassergehalt in den Poren des Betons
- Chloridgehalt im Beton
- aktive Korrosion am Bewehrungsstahl

Somit kann eine kommende Korrosion frühzeitig entdeckt werden und man kann die Erhaltungsmaßnahme rechtzeitig planen und ausführen, ohne eine Querschnittsschwächung der Bewehrung hinnehmen zu müssen.

Bei Bauwerken, bei denen Korrosion eingetreten ist, haben eine extrem verkürzte Gebrauchszeit. Damit verbunden ist auch die Notwendigkeit der Sanierung des von Korrosion befallenen Bauteiles.

Sanierungen wegen Korrosion können nur 2-3 mal durchgeführt werden, da der Stahl dann zu stark geschwächt ist und die Belastung nicht mehr mit der geforderten Sicherheit ableiten kann.

6.3 Faserbeton

Ein erheblicher Nachteil bei Faserbeton ist, dass die Art der Berechnung noch nicht eindeutig geklärt ist. Auch gibt es derzeit keine Norm, die diese Berechnung und auch Anwendung regelt. Grund dafür ist, dass derzeit zwei Sichtweisen für den Faserbeton existieren, die sich wesentlich unterscheiden.

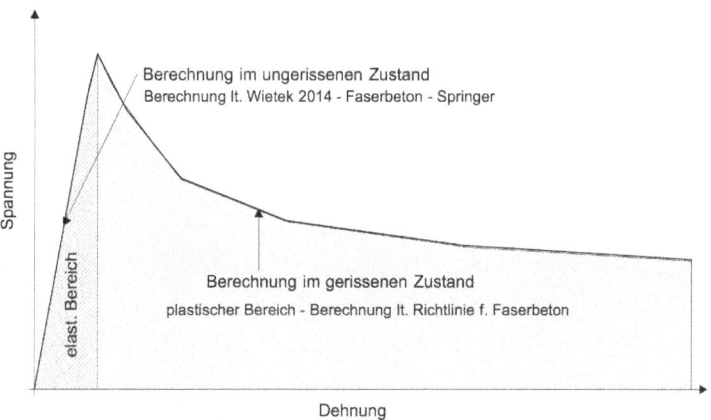

Abbildung 6.8: Spannungs-Dehnungsverhalten bei Faserbeton

6.3.1 gerissener Faserbeton

Bei der Richtlinie für Faserbeton wird von einem gerissenen Faserbeton ausgegangen, der sehr große Deformationen erreichen kann. Es werden bei der Bemessung ähnlich dem Stahlbeton die Druckspannungen dem Beton, die Zugspannungen nur den Fasern zugeordnet. Damit ist eine ähnliche Art der Berechnung wie beim Stahlbeton gegeben.

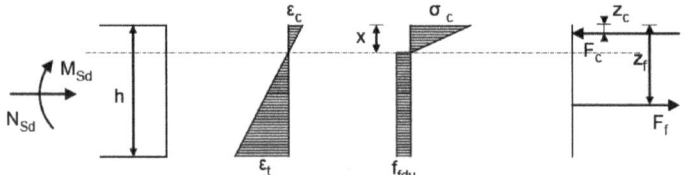

Abbildung 6.9: Kräfteverlauf bei gerissenem Faserbeton lt. Richtlinie für Faserbeton

Somit sind bei einer solchen Bewertung des Faserbetons große Deformationen mit Rissen vorgegeben. Dies ist der Grund warum in der Richtlinie die Verwendung des Faserbetons für tragende Bauteile nicht angewendet werden, ausgenommen es wird zusätzlich eine Stahlbewehrung vorgesehen. Dies ist doppelt bewehrter Beton mit Fasern und Stahlbewehrung, der sicherlich wesentlich teurer ist als Beton mit nur einer Bewehrungsart und zusätzlich alle Mängel des Stahlbetons aufweist. Mit dieser Methode werden einige Nachteile dem Baustoff zugewiesen:
- maximale Belastbarkeit wird überschritten
- Wasserdichtheit geht verloren
- unkontrollierte Risse im Baustoff
- Verformungseigenschaften sind nicht kontrollierbar
- bei Lastwechsel wird der Baustoff zunehmends zerstört

6.3.2 nicht gerissener Faserbeton

Bei der Berechnung im ungerissenen Zustand, wie sie Wietek vorschlägt, wird wie bei einem einheitlichen Material die Bemessung durchgeführt. Dies führt zu höheren übertragbaren Spannungen im Faserbeton und somit auch zur Möglichkeit den Faserbeton für viele biegebeanspruchte Bauteile einzusetzen. Dadurch sind die Risiken des gerissenen Faserbetons nicht mehr gegeben.

Der so berechnete Faserbeton eignet sich für fast alle Konstruktionen und kann auch als Spritzbeton eingesetzt werden. Die Wahl des Fasermaterials bleibt dem Bauherrn und dem berechnenden Ingenieur vorbehalten. Sobald bei einem Bauteil eine Brandmöglichkeit besteht, sollten Kunststofffasern verwendet werden, denn diese haben bei Brandversuchen eine entscheidend vorteilhafte Eigenschaft bewiesen. Durch die Verflüssigung der Randfasern entstehen Hohlräume durch die im Brandfall eine Kühlung des Bauteils stattfindet und so der restliche Bauteil geschützt wird. Dies ist insbesondere bei Treppenläufen und bei Tunnelauskleidungen vorteilhaft.

Auf Grund des nicht gerissenen Gebrauchszustandes des Faserbetons (gleich welche Faser) ist der Bauteilkörper klar definiert und es fallen sämtliche Risiken eines gerissenen Baustoffes wie beim Stahlbeton weg. Dies macht sich hauptsächlich in den Entstehungskosten und im Lebenszyklus sehr positiv bemerkbar.

7 Gebrauchsdauer der Baustoffe

Spricht man von der Gebrauchsdauer von Bauwerken so sei hier ein Bildvergleich mit den verschiedenen Baustoffen aufgezeigt, der auch ein wenig zum allgemeinen Verständnis beitragen soll.

Abbildung 7.1: Ponte Julien Frankreich erbaut 3 v.Chr.

Erste Brücken in Europa bauten die Römer. Hier sind noch einige Brücken heute vorhanden und auch im Gebrauch. Die Breite der Brücken hat sich zwar generell geändert und auch die Belastung ist durch den heutigen Verkehr größer, aber diese alten Brücken sind heute noch funktionsfähig.

Abbildung 7.2: Nösslachbrücke am Brennerpass erbaut 1967, saniert 1990

Stahlbetonbrücken werden ab 1930 gebaut und werden bei Verkehrsbauten insbesondere im

© Der/die Autor(en), exklusiv lizenziert an
Springer Fachmedien Wiesbaden GmbH, ein Teil von Springer Nature 2024
B. Wietek, *Beton – Stahlbeton – Faserbeton*, https://doi.org/10.1007/978-3-658-44752-6_7

Strassenbau sehr viel angewendet. Hier ist das Problem der Gebrauchsdauer sehr zu beachten, denn mit der Salzstreuung im Winterdienst ist die Korrosion des Bewehrungsstahles ein sehr großes Problem.

Bauwerke aus Faserbeton sind noch nicht lange ausgeführt worden. So kann hier nur ein Vergleich mit einer Talstation einer Seilbahn am Rifflsee im Pitztal aufgezeigt werden.

Abbildung 7.3: Talstation Bergbahn am Riffelsee, Pitztal in Tirol - komplett aus Stahlfaserbeton - 2009

Das gesamte Bauwerk wurde in Stahlfaserbeton hergestellt und beidseitig wieder eingeschüttet. Dieser Baukörper hat folgende Abmessungen: Länge = 30,10 m, Breite = 6,50 m, Höhe = 5,6 m. Es konnte nachgewiesen werden, dass alle Beanspruchungen (Biegemomente) durch den Faserbeton alleine aufgenommen werden können.

Die aufgesetzte Stahlhalle dient als Lagerhalle für die Seilbahnsessel, das Faserbetongebäude ist eine Halle, in der die Pistengeräte und alle sonstigen Kleingeräte und Werkzeuge für den Betrieb der Seilbahn untergebracht sind. Nach den ersten 10 Jahren im Gebrauch zeigen sich keine negativen Erscheinungen und man sieht einer weiteren Nutzung über künftige Jahre entgegen.

Betrachtet man die Baustoffeigenschaften von Faserbeton, so sollte eine sehr lange Nutzungsdauer zu erwarten sein.

Baustoff	Alter (Jahre)	Bauwerk
Stein	ca 4.700	Pyramiden, Tempel
Beton	ca. 2.000	Brücken Aquädukte
Holz	700	Wohnhäuser
Stahl	340	Brücken
Stahlbeton	80	Brücken
Spannbeton	50	Brücken

Tabelle 7.1: Gebrauchsalter in Jahren von verschiedenen Baustoffen

Bauwerke bzw. Bauteile in Faserbeton sind noch nicht so alt, dass man die Gebrauchszeit erreicht hat. Prinzipiell sind sie jedoch ähnlich der Gebrauchszeit von Beton einzuschätzen. Dies insbesondere, da besonders Faserbeton mit Kunststoff- oder Glasfasern kein Problem mit der Korrosion bei Salzeinfluss haben.

Betrachtet man nun den Einfluss von Umweltbedingungen auf die drei Baustoffe, so ergeben sich erhebliche Unterschiede, insbesondere da bei Stahlbeton die Korrosion des Bewehrungsstahles ein großes Problem darstellt.

Umweltbedingung	Beton	Stahlbeton	Faserbeton
trockene Luft	300	150	200
feuchte Luft	300	120	200
feuchtes Erdreich	250	40	200
saurer Regen	250	40	200
Salzangriff (Winterdienst)	200	30	200
Salzvernebelung	200	40	200

Tabelle 7.2: Gebrauchsdauer von Betonbaustoffen in Jahren ohne Erhaltungsmaßnahme

Es ist also zu beobachten, daß Stahlbeton zwar konstruktiv bezüglich Tragfähigkeit und Materialersparnis gegenüber anderen Baustoffen sehr gut ist, kommt jedoch die Umweltbelastung hinzu, dreht sich dieser Effekt ins Gegenteil um. Gerade Stahlbeton hat bei Erdberührung und ausgesetztem Niederschlag nur verminderte Lebenszeit. Dies wird noch zusätzlich durch die Salzstreuung im Winterdienst bei Strassen und Brücken verschärft, da die Chloride im Salz eine extrem negative Wirkung auf den Stahl im Beton haben. Auch bei dichtem Beton diffundieren die Chloride bis zur Bewehrung und erzeugen durch ihre katalysatorische Wirkung Korrosion. Besonders die durch Chlorid erzeugte Korrosion, der Lochfraß, geht sehr schnell und querschnittsverengend vor sich.

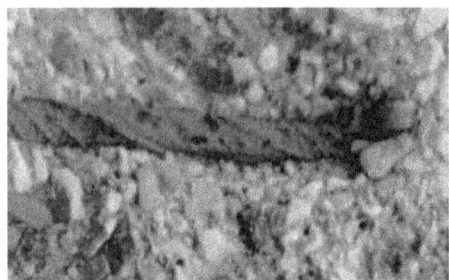

Abbildung 7.4: Lochfraß bei Bewehrungsstahl in Folge von Chloridangriff

Damit verringern sich die Gebrauchszeiten eines Bauteils bzw. Bauwerkes erheblich gegenüber Bauteilen ohne Stahleinbauten.

Umweltbedingung	Beton	Stahlbeton	Faserbeton
trockene Luft	150	50	150
feuchte Luft	150	50	150
feuchtes Erdreich	100	30	100
saurer Regen	100	30	100
Salzangriff (Winterdienst)	100	25	100
Salzvernebelung	100	25	100

Tabelle 7.3: Verlängerung der Gebrauchsdauer in Jahren bei traditioneller Betonsanierung

Wird nun ein Bauwerk saniert, so sind die künftigen Gebrauchszeiten wieder von der Umweltbelastung abhängig. Auch hier zeigt sich wieder, dass Stahlbeton die geringsten Gebrauchszeiten
aufweist. Es ist sogar so, dass sanierte Bauteile eine kürzere Zeit zu gebrauchen sind als Neu-
bauten, denn es bestehen Risse und Materialunterschiede, die nicht einer Gebrauchsdauer eines
neuen Betons bzw. Stahlbetons gleichkommen.

Umweltbedingung	Beton	Stahlbeton	Faserbeton
trockene Luft	-	-	-
feuchte Luft	-	100	-
feuchtes Erdreich	-	100	-
saurer Regen	-	100	-
Salzangriff (Winterdienst)	-	100	-
Salzvernebelung	-	100	-

Tabelle 7.4: Verlängerung der Gebrauchsdauer in Jahren bei kathodischem Korrosionsschutz

Sieht man sich nun die Bauwerkskosten einer Stahlbetonbrücke, die dem Winterdienst ausgesetzt ist an, so können entsprechend der jeweiligen Sanierungs- bzw. Erhaltungsmethode die in nachfolgender Darstellung aufgezeigten Unterschiede dargestellt werden.

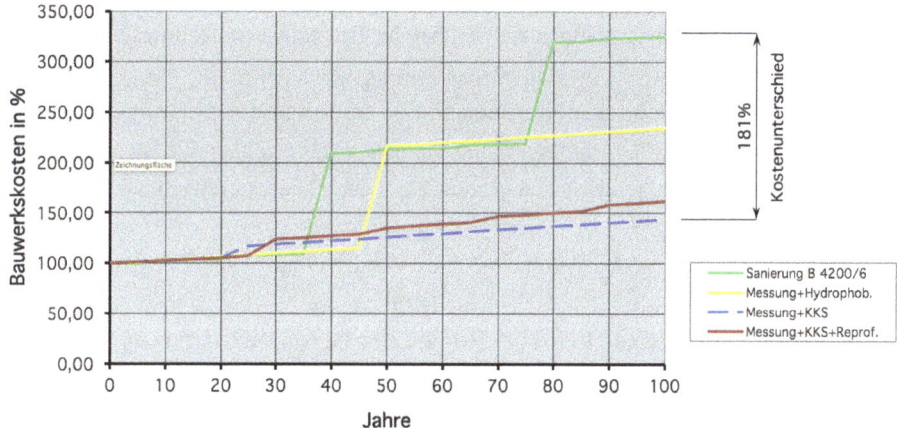

Abbildung 7.5: Bauwerkskosten in Abhängigkeit der Neubaukosten von Stahlbetonbrücken

Die vier aufgezeigten Erhaltungsmethoden können folgendermaßen beschrieben werden:
Sanierung B 4200/6: ist eine normgemäße Erhaltung, wobei der Stahlbeton nach ca. 35-40 Jahren vollkommen erneuert werden muss, da die Korrosion des Bewehrungsstahles soweit fortgeschritten ist, dass die Tragfähigkeit der gesamten Konstruktion nicht mehr gegeben ist. Also muß das Bauwerk abgerissen und neu gebaut werden.
Messung und Hydrophobierung: hierbei wird laufend über eine flächenhafte Korrosionsmessung das Bauwerk überprüft und die Oberfläche durch Hydrophobierung soweit abgedichtet, dass Chloride nur noch stark vermindert in den Beton eindiffundieren können. Dies verlängert die Gebrauchszeit um 10-15 Jahre gegenüber der normmäßigen Behandlung.
Messung und KKS: die laufende Korrosionsmessung gibt den Zeitpunkt an, bei dem KKS spätestens eingesetzt werden muss. Danach wird durch die konstante Polarisierung der Schutzflächen eine weitere Korrosion vermieden und die Gebrauchszeit sehr lange verlängert.
Messung und KKS und Reprofilierung: wie die Erhaltungsmassnahme vorher jedoch mit Reprofilierung von teilweise entstehenden Korrosionsstellen, die dann in den KKS Bereich eingearbeitet werden.

Man erkennt, dass bei Stahlbetonbauten, die einer Chloridbelastung durch Winterdienst ausgesetzt sind, langfristig durch die Erhaltungsmethode des Kathodischen Korrosionsschutzes (KKS) ein Kostenunterschied vom Faktor 1,8 der Baukosten eingespart werden kann. Dies sollte so manchen Brückenbetreiber dazu veranlassen, sich die Erhaltungsmethode des KKS näher in Erwägung zu ziehen.

Fast alle erdverlegten Pipelines werden mit KKS geschützt und gleichzeitig überwacht. Dies sehr erfolgreich bereits seit über 100 Jahren. Es ist also an der Zeit, dass im Bauwesen bei entsprechender äusseren Angriffen, der KKS generell zum Einsatz kommt.

Im Zuge der Erhaltungsmassnahmen wurden bei der Brenner-Autobahn insgesamt 9 Brücken mit dem Kathodischen Korrosionsschutz (KKS) ausgestattet. Dies war die erste großflächige Einsatz mit dem KKS im deutschen Sprachraum. Die Steuerung des KKS wurde entweder manuell oder per Computer vor Ort durchgeführt. Die ersten Jahre zeigten die Messwerte, dass die Korrosion bei allen behandelten Brücken gestoppt und zurückgehalten werden konnte.

Mit der Umstrukturierung des Autobahnnetzes wurden vom neuen Betreiber der Brenner-Autobahn, der ASFINAG, sämtliche KKS Installationen abgeschalten. Trotz mehrfacher Rückfrage bei ASFINAG in Wien und Innsbruck wurde keine Begründung dafür gegeben.

Dies ist besonders bemerkenswert, da die Brenner-Autobahn die meist frequentierte Autobahn über die Alpen ist und dabei auch den intensivsten Winterdienst (Salzstreuung) benötigt. Die Verantwortlichen haben weder wirtschaftlich noch technisch eine nachvollziehbare Entscheidung getroffen. Es sind alle betroffenen Brücken nicht mehr gegen Korrosion aktiv geschützt und es muss weitere Korrosion bei diesen Brücken befürchtet werden, was die Gebrauchszeit der einzelnen Brücken erheblich einschränkt.

Im Gegensatz dazu werden von der ASFINAG südlich von Wien mehrere KKS-Anlagen bei der Südautobahn betrieben und auch dauerhaft überwacht. Sogar Diplomarbeiten bezüglich des Langzeitverhaltens dieser Bauwerke werden von der ASFINAG unterstützt.

8 Bedeutung für die Umwelt

Unter Umweltverschmutzung wird im Allgemeinen die Verschmutzung der Umwelt verstanden, also des natürlichen Lebensumfelds des Menschen. Im Vordergrund steht dabei die Umweltbelastung mit Abfällen.

Bei einer Herstellung und dem Betrieb von Bauwerken entstehen Abfälle. Diese sind entsprechend der gesetzlichen Entsorgungsrichtlinien zu verarbeiten. Je mehr Abfälle bei Bauwerken anfallen, desto größer ist die Umweltbelastung.

Alle drei Baustoffe - Beton, Stahlbeton und Faserbeton bestehen hauptsächlich aus Beton. Als Zuschlagstoffe für Beton werden vornehmlich Sand und Kies eingesetzt. Die Rohstoffe sind als Gesamtvorkommen noch auf weite Sicht ausreichend vorhanden, doch ist in absehbarer Zeit mit dem Versiegen regionaler Vorkommen zu rechnen. Neue Kiesgruben werden aufgrund des bestehenden Natur- und Landschaftsschutzes heute nicht mehr ohne weiteres genehmigt. Zur Einsparung wertvoller Kiesressourcen sollte deshalb die Verwendung von recyceltem Beton- oder Mischabbruchgranulat forciert werden.

Bei der Herstellung von Zement bzw. Beton werden etwa 5-10 % der weltweiten, anthropogenen CO_2-Emissionen abgegeben. Ein vielversprechender Weg, den mit der Betonherstellung verbundenen CO_2-Ausstoß deutlich zu reduzieren, ist die Verwendung von Geopolymeren. Diese alternativen Bindemittel weisen hervorragende technische Eigenschaften wie hohe Festigkeiten sowie Frost-und Temperaturbeständigkeit auf und können dabei mit einem um bis zu 90 % verringerten CO_2-Ausstoß hergestellt werden. Ein Hemmnis für eine großflächige kommerzielle Einführung der Geopolymere sind jedoch Unsicherheiten hinsichtlich der Dauerhaftigkeit dieser Bindemittel, da hierzu erst wenige Erfahrungen vorliegen. Für den Einsatz in tragenden Bauteilen ist insbesondere der Schutz der Stahlbewehrung von Bedeutung. Dies wird in derzeit laufenden Forschungsarbeiten geklärt.

Bei Stahlbeton und Betonfertigteilen hat der Bewehrungsgrad einen großen Einfluss auf die Graue Energie. Im ungünstigsten Fall, bei hohem Stahlanteil von 2 Vol-%, kann sich der Grauenergiewert gegenüber unbewehrtem Beton bereits verdoppeln. Als Graue Energie wird die Energiemenge bezeichnet, die für Herstellung, Transport, Lagerung, Verkauf und Entsorgung eines Produktes benötigt wird.

Für die Stahlproduktion sind für die Zukunft große technologische Veränderungen erkennbar, z.B. durch hohe Steigerungsraten beim Schrottaufkommen und Umstellung auf Elektrostahl. In der Zementproduktion ist die Umstellung auf effizientere Technologien bereits im Gange. Bei Transportbeton beansprucht Zement mit 85-90 % den Hauptanteil der Primärenergie (insgesamt

© Der/die Autor(en), exklusiv lizenziert an
Springer Fachmedien Wiesbaden GmbH, ein Teil von Springer Nature 2024
B. Wietek, *Beton – Stahlbeton – Faserbeton*, https://doi.org/10.1007/978-3-658-44752-6_8

ca. 1350 MJ/m^3 Beton B 25). Ebenso wird das Treibhauspotential zu 95 % durch die mit der Zementherstellung verbundenen CO_2-Emissionen dominiert (ca. 240 CO2-Äq./m^3 Beton C 25/30).

Zur Reduzierung des Grauenergiewertes kann der Einsatz von Flugasche, Hüttensand und Microsilica (Betonzusatzstoffe) anstelle von Zement beitragen. Diese Sekundärrohstoffe werden bereits seit langem als Zusatzstoffe genutzt. Bedeutende Steigerungsraten sind nur noch zu erwarten, sofern künftig auch Braunkohleflugaschen zugelassen werden.

Aus den handelsüblichen Betonzusatzstoffen sowie Betonzusatzmitteln sind in der Nutzungsphase i.d.R. keine Gesundheits- und Umweltgefahren zu erwarten, die Umweltverträglichkeit von Beton mit Kompositzementen ist jedoch im Hinblick auf eine zukünftige Wiederverwertung noch nicht geklärt.

Zur Schonung der Trinkwasserressourcen kann die Substitution des Anmachwassers durch Regen- und Brauchwasser beitragen. Zur Schonung fossiler Energieträger mit entsprechender Reduktion der Luftbelastung sind auch rohstoff- und energiesparende Betonkonstruktionen zu berücksichtigen. Mit Hilfe der EDV-Planung lassen sich leistungsfähigere Betone (z.B. Leichtbeton, Hochleistungsbeton) mit reduzierter Bewehrung ökologisch, ökonomisch und bautechnisch optimal bemessen, ebenso ist ein Ersatz von Stahlbeton durch Faserbeton in großem Umfang möglich. Die sog. integrale Leistungsfähigkeit berücksichtigt auch die Verhältnisse während der Nutzungszeit des Betons im Bauwerk sowie die Wiederverwertungsquote.

Es ist bei der Herstellung und dem Betrieb von Bauteilen aus Beton, Stahlbeton und auch Faserbeton auf Materialeinsparung zu achten. Besonders die Mengen an Abbruchmaterial im Zuge von Erhaltungsmassnahmen und somit auch neuem anzubringenden Material sind zu berücksichtigen. Gerade durch die Wahl der Erhaltungsmethode ist eine große Einsparung bei Material möglich.

Vergleicht man die zwei unterschiedliche Erhaltungsmethoden bei der anschließenden Nutzzeit des Bauwerkes, so ergeben sich sehr unterschiedliche Zeiträume:

Bauwerk	Nutzzeit TE	Nutzzeit EE
Hochbaudecken	50 Jahre	100 Jahre
Brücken	30 Jahre	100 Jahre
Stützmauern	40 Jahre	100 Jahre
Klärbecken	30 Jahre	100 Jahre

Tabelle 8.1: Vergleich der Nutzzeit bei Erhaltungsmethoden

TE ... traditionelle Erhaltungsmethode

EE ... elektrische Erhaltungsmethode (KKS)

Es zeigt sich somit bei einer durchschnittlichen Erhaltungsmassnahme, dass nicht nur ein geringerer Materialaufwand bei der elektrischen, als bei der traditionellen Erhaltungsmethode gegeben ist, sondern auch die Wirksamkeit der Erhaltungsmethode mit recht unterschiedlichen Zeitspannen zu erwarten ist.

Anhang

© Der/die Herausgeber bzw. der/die Autor(en), exklusiv lizenziert an
Springer Fachmedien Wiesbaden GmbH, ein Teil von Springer Nature 2024
B. Wietek, *Beton – Stahlbeton – Faserbeton*, https://doi.org/10.1007/978-3-658-44752-6

Tabellenverzeichnis

Abbildungsverzeichnis

Literaturverzeichnis

[1] Uwe Albrecht. *Praxisbeispiele Stahlbetonbau*. Springer-Vieweg, 2011.

[2] Stefan Bahr. *Stahlbetonbau Bemessung – Konstruktion – Ausführung*. Springer-Vieweg, 2017.

[3] W.v. Beckmann. *Handbuch des Kathodischen Korrosionsschutzes*. VCH-Verlag Weinheim, 3 edition, 1989.

[4] W.v. Beckmann. *Messtechnik beim Kathodischen Korrosionsschutz*. Expert Verlag, 3 edition, 1992.

[5] Umwelt Bundesamt. Umwelt- und gesundheitsverträgliche bauprodukte. Technical report, Mensch und Umwelt, 2017.

[6] B.Wietek. Kks in theorie und praxis, 2014.

[7] B.Wietek. Kathodischer korrosionsschutz, 2015.

[8] Bergmeister Konrad, editor. *Beton Kalender*. Ernst u. Sohn, 2016.

[9] Wetzell O. *Wendehorst Bautechnische Zahlentafeln*. Teubner, 2009.

[10] Krapfenbauer R. *Bau Tabellen*. Jugend u Volk, 2014.

[11] Harald Schorn. *Faserbetone für Tragwerke*. Verlag Bau+Technik, 2010.

[12] Manfred Schröder. *Schutz und Instandsetzung von Stahlbeton*. Export Verlag, 2015.

[13] Inst. f. Wärmetechnik TU-Graz. Ökologisches baustoffkonzept. Technical report, TU-Graz, Inst. f. Wärmetechnik, 2017.

[14] U.Schneider. Brandschäden an stahlbetonbauwerken. Technical report, Uni Kassel, 1988.

[15] Markus Vill. Aspekte zum lebenszyklusorientierten olanen, bauen und erhalten von ingenieurbauwerken. Technical report, Fachhochschulforum der Österr. FH, 2016.

[16] B. Wietek. *Stahlfaserbeton*. Springer-Vieweg, 2 edition, 2009.

[17] B. Wietek. *Faserbeton*. Springer, 4 edition, 2024.

[18] Otto Wommelsdorff. *Stahlbetonbau Bemessung und Konstruktion*. Bundesanzeiger Verlag, 11 edition, 2017.

© Der/die Herausgeber bzw. der/die Autor(en), exklusiv lizenziert an
Springer Fachmedien Wiesbaden GmbH, ein Teil von Springer Nature 2024
B. Wietek, *Beton – Stahlbeton – Faserbeton*, https://doi.org/10.1007/978-3-658-44752-6

Printed in the USA
CPSIA information can be obtained
at www.ICGtesting.com
CBHW081350240624
10564CB00008B/274

9 783658 447519